P

30 Minuten

Zukunftsmanagement

Bibliografische Information der Deutschen Bibliothek

Die Deutsche Bibliothek verzeichnet diese Publikation in der Deutschen Nationalbibliografie; detaillierte bibliografische Daten sind im Internet über http://dnb.ddb.de abrufbar.

Umschlaggestaltung: die imprimatur, Hainburg
Umschlagkonzept: Martin Zech Design, Bremen
Lektorat: Diethild Bansleben, Offenbach
Satz: Zerosoft, Timisoara (Rumänien)
Druck und Verarbeitung: Salzland Druck, Staßfurt

© 2001 GABAL Verlag GmbH, Offenbach
5. Auflage 2011

Hinweis:
Das Buch ist sorgfältig erarbeitet worden. Dennoch erfolgen alle Angaben ohne Gewähr. Weder Autor noch Verlag können für eventuelle Nachteile oder Schäden, die aus den im Buch gemachten Hinweisen resultieren, eine Haftung übernehmen.

Printed in Germany

978-3-86936-287-8

In 30 Minuten wissen Sie mehr!

Dieses Buch ist so konzipiert, dass Sie in kurzer Zeit prägnante und fundierte Informationen aufnehmen können. Mithilfe eines Leitsystems werden Sie durch das Buch geführt. Es erlaubt Ihnen, innerhalb Ihres persönlichen Zeitkontingents (von 10 bis 30 Minuten) das Wesentliche zu erfassen.

Kurze Lesezeit

In 30 Minuten können Sie das ganze Buch lesen. Wenn Sie weniger Zeit haben, lesen Sie gezielt nur die Stellen, die für Sie wichtige Informationen beinhalten.

- Alle wichtigen Informationen sind blau gedruckt.

- Schlüsselfragen mit Seitenverweisen zu Beginn eines jeden Kapitels erlauben eine schnelle Orientierung: Sie blättern direkt auf die Seite, die Ihre Wissenslücke schließt.

- *Zahlreiche Zusammenfassungen innerhalb der Kapitel erlauben das schnelle Querlesen.*

- Ein Fast Reader am Ende des Buches fasst alle wichtigen Aspekte zusammen.

- Ein Register erleichtert das Nachschlagen.

Inhalt

Vorwort

„Die Zeit wird kommen, in der sich unsere Nachfahren wundern werden, dass wir so offenbare Dinge nicht gewusst haben", sagte Seneca vor rund zwei tausend Jahren. Er erinnert uns daran, dass ein großer Teil der Zukunft heute schon zu sehen ist. So lässt sich die computerisierte Lebenswelt der Zukunft, vom „intelligenten Haus" bis zur Kontaktlinse mit „augmented reality", schon heute erleben. In den Laboren werden schon lange Produkte und gar Steaks gedruckt. Und einige Militärroboter geben heute schon einen Eindruck davon, was zukünftig die persönlichen Roboter leisten können. Gibson schrieb treffend, die Zukunft sei schon da, nur noch nicht so weit verbreitet. So geht es in diesem Büchlein darum, im Sinne Senecas mehr von der Zukunft zu sehen als die Wettbewerber. Es gilt, die Zukunft in der Gegenwart zu sehen und zu gestalten:

- Wie können wir heute die Zukunft sehen?
- Wie können wir uns gegen die Überraschungen der Zukunft rüsten?
- Wie können wir die Chancen der Zukunft erkennen?
- Wie können wir entscheiden, welche Zukunft wir schaffen wollen?
- Wie können wir die erkannte Zukunft in praktisches tägliches Handeln umsetzen?

Unabhängig davon, ob Sie Konzernlenker oder nur Vorstandsvorsitzender in Ihrem eigenen Lebensunternehmen sind, können Sie Ihre Position am Markt nur behaupten und verbessern, wenn Sie kommende Veränderungen und die darin liegenden Chancen zu einem frühen Zeitpunkt wahrnehmen und nutzen. Sie sind schon ein Zukunftsmanager. Was Ihre Kinder lernen und studieren, wie Sie Ihre Altersvorsorge aufbauen, in welcher Gegend Sie leben, welche Produkte Ihr Unternehmen entwickelt, welche Märkte es bearbeitet, welche Menschen eingestellt und entlassen werden, für all diese Entscheidungen und Taten schätzen Sie mehr oder minder bewusst die Zukunft ab. Karrieren wie Unternehmen blühen und verblühen mit der Qualität und Richtigkeit der zugrundeliegenden Zukunftsannahmen. Gutes Zukunftsmanagement ist einer der bedeutendsten unternehmerischen Erfolgsfaktoren. Es dient Ihnen als Brücke vom Tagesgeschäft zur Zukunftsforschung und zurück. Es hilft Ihnen, die oftmals sehr theoretische, abstrakte und wolkige Zukunfts- und Trendforschung als praktische Ressource für die Herausforderungen Ihres Alltags zu erschließen. Zukunftsmanagement macht Sie zukunftskompetent und damit fit im Wettbewerb um Voraussicht.

Have a bright future!
Dr. Pero Mićić
www.FutureManagementGroup.com
PM@FutureManagementGroup.com

30 MINUTEN

1. Zukunftsforschung und Zukunftsmanagement im Überblick

Zukunftsmanagement ist unternehmerische Zukunftsforschung. Es baut auf den Erkenntnissen der allgemeinen Zukunftsforschung auf und schafft die Verbindung zu Ihren Entscheidungen und Handlungen im Alltag.

1.1 Was ist Zukunftsforschung?

Die Auseinandersetzung mit der Zukunft ist so alt wie die Menschheit. Zahlreiche Rituale wurden und werden praktiziert, um die Zukunft vorherzusagen. So beispielsweise die Analyse des Vogelfluges, die Eingeweideschau oder das Kaffeesatzlesen.

Geschichte der Zukunftsforschung

Bereits im Jahre 1516 veröffentlichte Sir Thomas More ein Buch mit dem Titel „Utopia". Es ist das wahrscheinlich erste Buch, das sich intensiv mit der Zukunft beschäftigt. Später wurde Michel de Notre-Dame unter anderem mit seinem Buch „les centuries" (1555) der bekannteste unter den damals so genannten „Sehern". Im Zeitalter der Aufklärung im 18. Jahrhundert erfasst das Interesse an der Zukunft breite Schichten. Edward Bellamy beschreibt in seinem Buch „Looking backward: 2000-1887" aus dem Jahr 1888 bereits eine umfassende Vision der langfristigen Zukunft. Mit der Industrialisierung und der damit verbundenen Entwicklung von der landwirtschaftlichen zur industriellen Gesellschaft veränderte sich durch die neuen technischen Möglichkeiten auch die Vorstellung der Menschen von der Zukunft. So schrieb beispielsweise Jules Verne bereits 1865 in seinem Buch „De la terre à la lune" über eine Reise zum Mond.

Zu Beginn des 20. Jahrhunderts war durch die beiden Weltkriege zunächst nur eine relativ kurzfristige Planung der Zukunft üblich. Nach Ende des zweiten Weltkrieges musste geklärt werden, was aus den Kriegsverlierern Deutschland und Japan werden sollte. Entweder sollten sie entmilitarisierte Agrarstaaten werden oder sie sollten politisch und wirtschaftlich unterstützt werden, um in die Gemeinschaft demokratischer Staaten zurückzukehren. Diese wichtige und folgenschwere Entscheidung erforderte eine detaillierte und anspruchsvolle Auseinandersetzung mit der Zukunft, die in der Geschichte der Menschheit zum ersten Mal in dieser Dimension notwendig war.

Im Jahr 1945 wurde die RAND Corporation gegründet, um für die USA Vorteile im sich bereits abzeichnenden militärischen Wettlauf mit der Sowjetunion zu schaffen. An der RAND Corporation wurden zu diesem Zweck erstmals intensiv Szenarien, Simulationen und Delphi-Studien entwickelt und eingesetzt. Der RAND-Forscher Hermann Kahn gründete in den 1960er Jahren das Hudson-Institut und schrieb das Buch „The Year 2000", das sich als erstes Buch detailliert mit globalen Szenarioplanungen auseinander setzte.

Seit den 60er Jahren haben sich zahlreiche Organisationen wie die World Future Society, die World Future Studies Federation und die Association of Professional Futurists etabliert. Inzwischen kann man an etwa 50 Universitäten weltweit Kurse und Seminare zum Thema Zukunftsforschung belegen. Jährlich erscheinen Hunderte von Publikationen über die Methoden und das wachsende Wissen im Bereich Zukunftsforschung, die von professionellen Rezensionsdiensten wie dem „Future-Survey" von Michael Marien ausgewertet werden. Arbeiten wie die „Encyclopedia of the Future" und die CD „The Knowledge Base of Future Studies" haben dabei zur Manifestierung des Themas und zur Steigerung des methodischen und inhaltlichen Niveaus beigetragen.

Definition der Zukunftsforschung

Heute ist die Zukunftsforschung zu einem separaten Forschungsfeld geworden. Sie wird als interdisziplinäre Forschung nach einer möglichen, wahrscheinlichen und gewünschten Zukunft betrachtet, aus der Folgerungen für die Gegenwart gezogen werden sollen. Ziel der Zukunftsforschung ist die systematische Erzeugung von Orientierungswissen und die stärkere Einbeziehung zukunftsorientierter Erwägungen in Entscheidungsprozesse.

Nach jahrzehntelanger systematischer Zukunftsforschung hat sich unter Fachleuten die Überzeugung durchgesetzt, dass die Zukunft nur in engen Grenzen vorhersehbar ist. Dennoch hält sich unter Laien hartnäckig die Vorstellung von der Zukunftsforschung als einer Prognosedisziplin, die an der Genauigkeit ihrer Vorhersagen zu messen ist. Da dies nicht möglich ist, macht sich als Konsequenz häufig Frustration breit.

30 *Die Zukunftsforschung blickt auf eine lange Entwicklung zurück und wird heute als eine Forschung nach einer möglichen, wahrscheinlichen und gewünschten Zukunft betrachtet.*

1.2 Was ist Zukunftsmanagement?

Zukunftsforschung und die mit ihr verwandte Trendforschung werden von Managern und Unternehmern häufig als ungenau, unverbindlich und unzuverlässig betrachtet. Zwischen ihrem Wissensbedarf und dem Wissensangebot der Zukunfts- und Trendforscher klafft oftmals eine große Lücke. Diese Lücke schließen wir mit dem Zukunftsmanagement, das wir wie folgt definieren:

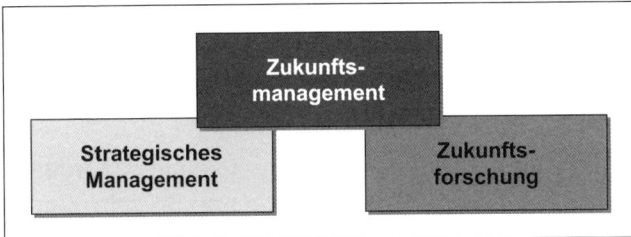

Zukunftsmanagement als Brücke

„Zukunftsmanagement ist die Brücke zwischen der Zukunftsforschung einerseits und dem strategischen Management andererseits. Es bezeichnet die Gesamtheit aller Systeme, Prozesse und Methoden zur Früherkennung zukünftiger Entwicklungen und ihrer Einbringung in die Strategie."

Zukunftsmanagement schließt die Lücke zwischen der oftmals abstrakten und theoretischen Zukunftsforschung und den konkreten und praktischen Anforderungen der Unternehmen, in dem es systematisch die Zukunft der Märkte erkennt und aus diesen Erkenntnissen praktisch umsetzbare Strategien erarbeitet.

Ziele und Nutzenaspekte des Zukunftsmanagements

Das Ziel des Zukunftsmanagements besteht darin, systematisch Antworten auf die folgenden sechs Kernfragen zu finden:

1. Wie wird sich unser Markt-, Arbeits- und Lebensumfeld in den nächsten fünf bis zehn Jahren verändern?

2. Welche Bedrohungen und Chancen für neue Märkte, Produkte, Strategien, Prozesse und Strukturen erwachsen aus diesen Veränderungen?
3. Wie sollen wir uns auf mögliche überraschende Ereignisse und Entwicklungen in der Zukunft vorbereiten?
4. Wie soll unser Unternehmen in fünf bis zehn Jahren im Sinne einer strategischen Vision aussehen?
5. Wie gestalten wir unsere Strategie zur Verwirklichung der strategischen Vision?
6. Wie gestalten wir unser Zukunftsmanagement als einen laufenden Prozess?

Von diesen Fragen betreffen insbesondere die Fragen eins, zwei und vier eher den zukunftsforscherischen und die Fragen drei, fünf und sechs den strategischen Aspekt des Zukunftsmanagements.

Der Nutzen des Zukunftsmanagements lässt sich mit den folgenden sechs Punkten beschreiben:

Verbesserung der Wettbewerbsposition

Zukunftsmanagement liefert Ihnen Wissen über zukünftige Entwicklungen und bietet Zeitvorteile gegenüber Ihren Mitbewerbern bez. Entwicklung und Umsetzung von Strategien, Produkten, Prozessen und Systemen.

Existenzsicherung

Wenn Sie mit Ihrem Unternehmen entscheidende Veränderungen Ihrer Branche nicht oder nicht rechtzeitig erkennen, kann dies das Ende eines Produktes, eines

Bereiches oder gar des gesamten Unternehmens bedeuten, weil Ihnen keine Zeit mehr bleibt, sich auf die Veränderungen einzustellen. Wenn Ihr Unternehmen aber rechtzeitig mögliche gefährliche Entwicklungen identifiziert, kann es sich mit Präventivstrategien und Eventualstrategien darauf vorbereiten und so seine Existenz sichern.

Steigerung der Erträge

Zukunftsmanagement identifiziert Zukunftschancen in großer Zahl und Qualität und erweitert auf diese Weise den Handlungs- und Gestaltungsraum Ihres Unternehmens für den Aufbau und die Ausschöpfung von Ertragspotenzialen.

Einsparung von Kosten

Wenn es Ihnen gelingt, den Mitarbeitern eine klare strategische Vision von der gewünschten Zukunft des Unternehmens zu vermitteln, wird das Ausmaß nötiger Abstimmungen und Richtungsunterschiede reduziert. Die daraus folgende höhere Effizienz wird in relativen Kostensenkungen messbar.

Verbesserung der strategischen Entscheidungen

Alle strategischen Entscheidungen Ihres Unternehmens basieren letztendlich auf Annahmen über die zukünftige Entwicklung des Unternehmensumfelds. Je fundierter und robuster diese Annahmen sind, desto höher ist die Qualität strategischer Entscheidungen.

Dennoch wird eine vollständig richtige Einschätzung der Zukunft nie möglich sein.

Verbesserung von Motivation und Zuversicht

Wenn das Management und die Mitarbeiter Ihres Unternehmens die Gewissheit haben, die obigen sechs Kernfragen umfassend und fundiert beantwortet zu haben, verbessert dies die Motivation und das Vertrauen in die Zukunft Ihres Unternehmens.

Zukunftsmanagement im Zusammenhang mit anderen Fachgebieten

Um den Begriff und das Wesen des Zukunftsmanagements noch besser beschreiben zu können, finden Sie im Folgenden eine Übersicht verwandter Fachgebiete mit den Gemeinsamkeiten und Unterschieden zum Zukunftsmanagement.

Verwandte Fachgebiete

Die folgende Abbildung (S. 17) zeigt Zukunftsmanagement im Zusammenhang mit anderen Disziplinen.
Wir verstehen Zukunftsmanagement als Überbegriff, der einige Teildisziplinen umfasst und mit anderen Schnittmengen hat. Zukunftsforschung und Trendforschung liefern das „Wissen" über verschiedene Zukünfte, das in Corporate Foresight mit unternehmerischer Perspektive interpretiert wird. Strategische Planung schließlich entwickelt eine Vision als Vorstellung einer erstrebten Zukunft und eine Strategie als Weg hin zur Vision.

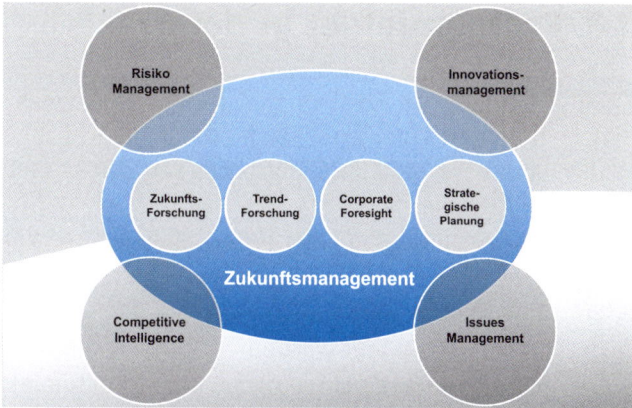

Zukunftsmanagement als Disziplin

Das Risikomanagement erhält aus der Zukunftsforschung Informationen über die Quellen möglicher Bedrohungen und Risiken. Das Innovationsmanagement
trägt zur Erkennung von strategischen Chancen bei.
Competitive Intelligence liefert Wissen und Indizien
über zukünftige Aktivitäten der Wettbewerber und Is-
sues Management hilft einem Unternehmen im Umgang
mit den Themen der Zukunft, häufig primär im Bereich
der Unternehmenskommunikation.

*Zukunftsmanagement ist die Brücke zwischen der
Zukunftsforschung einerseits und dem strategischen Management andererseits.*

30

1.3 Problemfelder in der Praxis

Zukunftsorientiertes Denken und Handeln ist vielerorts noch in den Anfängen. Für die dafür ursächlichen Wahrnehmungs- und Handlungsbarrieren gibt es eine Reihe von Gründen:

- Der finanzielle Nutzen einer unternehmerischen Zukunftsforschung wird weithin unterschätzt mit der Folge, dass zu wenige Ressourcen in Form von Zeit und Geld bereitgestellt werden.
- Die naive Erwartung einer vorhersagbaren Zukunft ist nach wie vor weit verbreitet, was oftmals zu Enttäuschungen führt. Die Anfang der 1970er Jahre mit der Entwicklung und Verbreitung der Szenariomethode begonnene Sensibilisierung für die Unvorhersagbarkeit und Ungewissheit der Zukunft ist noch nicht in jedem Unternehmen angekommen.
- Die Unternehmensleitung sieht keine zeitlichen Kapazitäten, um sich systematisch mit der Zukunft zu beschäftigen. Dies gilt gerade in kleinen und mittelständischen Unternehmen, in denen sich die Geschäftsführer um viele operative Tätigkeiten selbst kümmern.
- Vergangene Erfolge machen häufig blind für Veränderungen der Rahmenbedingungen und damit für die Notwendigkeit, eine früher erfolgreiche Strategie zu ändern.
- Der Bedarf an Zukunftsmanagement wird erst bei Eintreten von Schwierigkeiten und Engpässen im Unternehmen bewusst, die jedoch nicht kurzfristig

durch ein nur langfristig wirkendes Zukunftsmanagement zu beheben sind. Zukunftsmanagement will in guten Zeiten und in gesunden Unternehmen implementiert werden.

- Viele Manager halten es für ausreichend, kurzfristige Finanzziele zu setzen und zu verfolgen. Sie sehen nicht, dass Ziele nur auf der Grundlage einer Analyse langfristiger Marktentwicklungen und einer darauf basierenden strategischen Vision erarbeitet werden müssen.
- Vielen Praktikern ist nicht bewusst, dass man für visionäre und sehr innovative Ideen zunächst den Preis der Unsicherheit und Unschärfe zahlen muss. Sie halten lieber an den an harten Fakten orientierten Methoden der klassischen Betriebswirtschaft fest.

- *Die Zukunftsforschung sucht nach einer möglichen, wahrscheinlichen und gewünschten Zukunft, aus der Folgerungen für die Gegenwart gezogen werden.*
- *Zukunftsmanagement baut eine Brücke zwischen der oftmals abstrakten und theoretischen Zukunftsforschung und den konkreten und praktischen Anforderungen der Unternehmen. Es ermöglicht die systematische Erkennung von Zukunftsmärkten und erarbeitet aus diesen Erkenntnissen praktisch umsetzbare Strategien.*

30

30 MINUTEN

2. Das Eltviller Modell für Ihr Zukunftsmanagement

Das Eltviller Modell des Zukunftsmanagements besteht aus einem Prozess-Teil und einem Ergebnis-Teil. Der Prozess-Teil beschreibt sieben Schritte. Fünf davon werden mit den so genannten fünf Zukunftsbrillen beschrieben. Der einleitende Schritt „Zukunfts-Radar" sowie der abschließende Schritt „Institutionalisierung" runden die Vorgehensweise ab.

2.1 Welche Sichtweisen gibt es auf die Zukunft?

Die folgenden fünf Sichtweisen oder Zukunftsbrillen des Zukunftsmanagements ermöglichen Ihnen durch unterschiedliche Denkhaltungen einen ganzheitlichen Blick auf die Zukunft.

Die blaue Zukunftsbrille: Annahmen-Analyse

Sie erlaubt Ihnen einen Blick auf die wahrscheinliche Zukunft und fragt danach, wie sich Ihr Umfeld hinsichtlich Kunden, Markt, Technologie und Recht entwickeln wird. Die blaue Zukunftsbrille steht für einen kritischen, distanzierten, logischen und erfahrungsbasierten Blick in die Zukunft.

Die rote Zukunftsbrille: Überraschungs-Analyse

Die rote Zukunftsbrille öffnet Ihren Blick auf die unerwartete, überraschende Zukunft. Was passiert, wenn alles anders wird, als Sie es sich vorgestellt haben? Ihre Denkhaltung ist durch die rote Zukunftsbrille zweckpessimistisch und kritisch.

Die grüne Zukunftsbrille: Chancen-Entwicklung

Mit der grünen Zukunftsbrille fragen Sie danach, was die mögliche und gestaltbare Zukunft ist. Welche Karten haben Sie für das Spiel der Zukunft in Ihrer Hand? Was ist gestaltbar? Was ist machbar? Die grüne Zukunftsbrille ist kreativ, erforschend und grenzenlos.

Die gelbe Zukunftsbrille: Visions-Entwicklung

Mit der gelben Zukunftsbrille blicken Sie auf die gewünschte Zukunft, auf die Vision und fragen, wie Ihr Unternehmen in fünf bis zehn Jahren aussehen soll. Ihr Blick ist hier kritisch visionär.

Die violette Zukunftsbrille: Strategie-Entwicklung

Durch die violette Zukunftsbrille schauen Sie nach konkreten Zielen, Projekten und Aufgaben zur Verwirklichung Ihrer Strategischen Vision. Sie ist eine realistische und pragmatische Sichtweise. Diese Zukunftsbrille setzen Sie sich erst auf, nach dem Sie durch die vier anderen Zukunftsrillen geschaut haben.

Eltviller Modell: Sieben Schritte – fünf Sichtweisen

Mit dem Zukunfts-Radar wird die Wissensbasis für Ihr Projekt gelegt. Dabei erfragen Sie, welche Informationen und welches Wissen es über die Zukunft gibt. Mit dem abschließenden Schritt der Institutionalisierung richten Sie ein permanent laufendes Managementsystem ein und institutionalisieren somit Ihr Zukunftsmanagement.

Durch die fünf Zukunftsbrillen des Zukunftsmanagements betrachten Sie die wahrscheinliche, mögliche, gewünschte, gefürchtete und die zu planende Zukunft. Voraussetzung ist, dass Sie sich im Vorfeld Ihre Wissensbasis schaffen und das erarbeitete Zukunftsmanagementsystem anschließend auch in Gang halten.

30

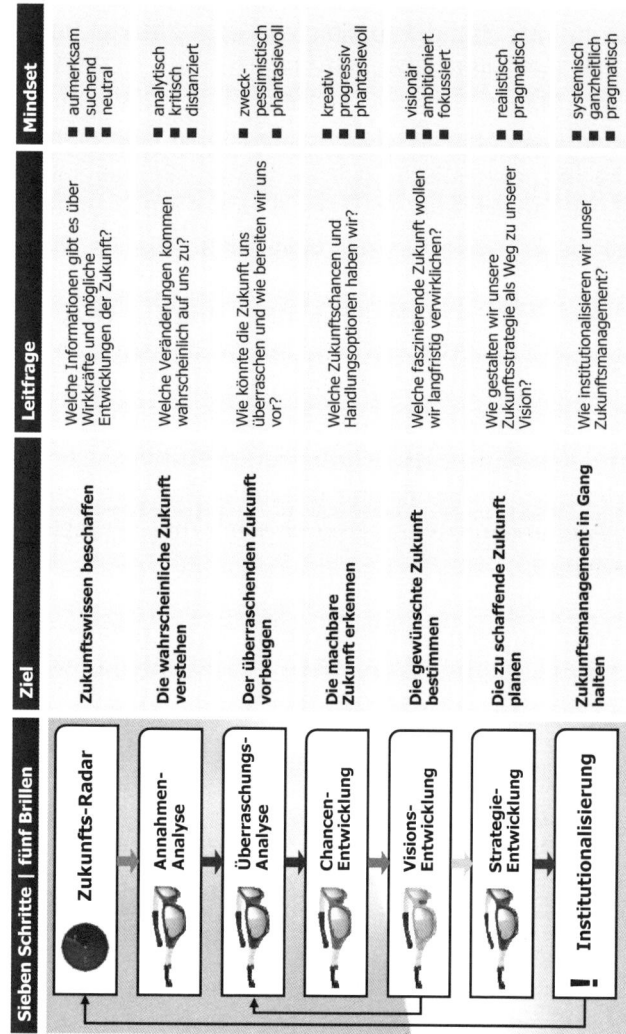

Sieben Schritte | fünf Brillen	Ziel	Leitfrage	Mindset
Zukunfts-Radar	**Zukunftswissen beschaffen**	Welche Informationen gibt es über Wirkkräfte und mögliche Entwicklungen der Zukunft?	■ aufmerksam ■ suchend ■ neutral
Annahmen-Analyse	**Die wahrscheinliche Zukunft verstehen**	Welche Veränderungen kommen wahrscheinlich auf uns zu?	■ analytisch ■ kritisch ■ distanziert
Überraschungs-Analyse	**Der überraschenden Zukunft vorbeugen**	Wie könnte die Zukunft uns überraschen und wie bereiten wir uns vor?	■ zweck-pessimistisch ■ phantasievoll
Chancen-Entwicklung	**Die machbare Zukunft erkennen**	Welche Zukunftschancen und Handlungsoptionen haben wir?	■ kreativ ■ progressiv ■ phantasievoll
Visions-Entwicklung	**Die gewünschte Zukunft bestimmen**	Welche faszinierende Zukunft wollen wir langfristig verwirklichen?	■ visionär ■ ambitioniert ■ fokussiert
Strategie-Entwicklung	**Die zu schaffende Zukunft planen**	Wie gestalten wir unsere Zukunftsstrategie als Weg zu unserer Vision?	■ realistisch ■ pragmatisch
Institutionalisierung	**Zukunftsmanagement in Gang halten**	Wie institutionalisieren wir unser Zukunftsmanagement?	■ systemisch ■ ganzheitlich ■ pragmatisch

2.2 Was beinhaltet Ihre Zukunftsstrategie?

Die folgende Abbildung beschreibt die Elemente einer Zukunftsstrategie nach dem Eltviller Modell des Zukunftsmanagements. Es zeigt deutlich, wie sich die fünf Sichtweisen in einer Zukunftsstrategie niederschlagen.

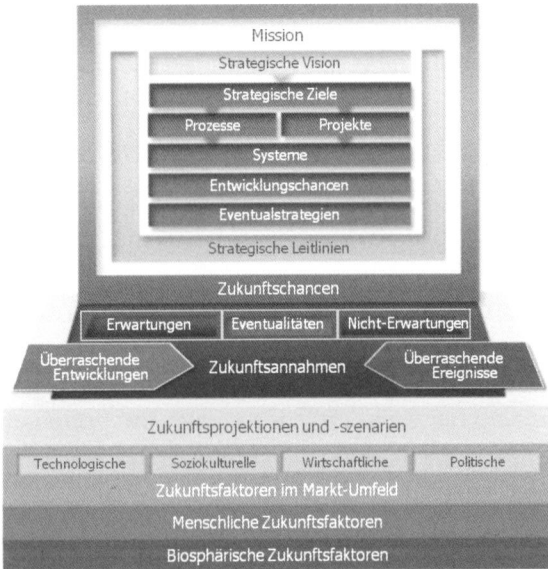

Zukunftsfaktoren sind Trends, Technologien und Themen, die als treibende Kräfte zukünftiger Veränderungen wirken.

Zukunftsprojektionen sind Aussagen über den möglichen Zustand eines Beobachtungsobjektes im Umfeld zu einem bestimmten Zeitpunkt in der Zukunft.

Erwartungen sind Zukunftsannahmen, denen eine hohe Erwartungswahrscheinlichkeit beigemessen wird, mit deren Eintritt also gerechnet wird.

Eventualitäten sind Zukunftsannahmen, denen eine mittlere Erwartungswahrscheinlichkeit beigemessen wird, deren Ausgang also als sehr unsicher eingeschätzt wird.

Nicht-Erwartungen sind Zukunftsannahmen, denen eine niedrige Erwartungswahrscheinlichkeit beigemessen wird, mit deren Eintritt also nicht gerechnet wird.

Überraschungen sind Projektionen oder Szenarien eines Ereignisses oder einer Entwicklung im Umfeld mit sehr niedriger Wahrscheinlichkeit, aber mit potenziell starken und in der Regel negativen Auswirkungen.

Zukunftschancen sind vorteilhafte Gestaltungsmöglichkeiten für Zukunftsmärkte oder in bestehenden Märkten. Chancen stellen das Material dar, aus dem alle Elemente einer Zukunftsstrategie entstehen.

Mission ist der generelle langfristige Zweck, den eine Organisation für ihre Kunden erfüllt. Die Mission ist die Gesamtheit der Missionselemente.

Strategische Vision ist das konkrete Bild einer faszinierenden, gemeinsam erstrebten und realisierbaren Zukunft einer Organisation oder eines Menschen.

Strategische Leitlinien sind Regeln und Prinzipien zu strategischen Werten und Verhaltensweisen. Sie beschreiben den strategischen Rahmen unternehmerischen Handelns.

Strategisches Ziel ist der gewünschte Zustand eines Gestaltungsfeldes, der nach Eigenschaften und Zeitpunkt in der Zukunft eindeutig definiert ist.

Projekte sind einmalige Abfolgen von Aufgaben und Aktivitäten zur Erreichung eines Ziels.

Prozesse sind regelmäßige Abfolgen von Aufgaben und Aktivitäten zur Erreichung eines Ziels oder Ergebnisses.

Systeme sind alle Strukturen, Ressourcen und Arbeitsmittel, mit denen Projekte und Prozesse umgesetzt werden können.

Entwicklungschancen sind hoch bewertete Zukunftschancen, die noch nicht Teil der Zukunftsstrategie werden können, da ihr Wert und ihre Machbarkeit noch unklar sind und geprüft werden müssen.

Eventualstrategien sind mögliche Maßnahmen, die im Falle des Eintretens von Überraschungen (unerwartete Ereignisse und Entwicklungen) und wesentlichen Änderungen in den Zukunftsannahmen durchgeführt werden können.

2.3 Wie bereiten Sie Ihr Zukunftsprojekt vor?

Die Zielsetzung

Die Zielsetzung eines Zukunftsprojekts besteht üblicherweise darin, die oben genannten Kernfragen des Zukunftsmanagements für Ihr gesamtes Unternehmen oder einen Teil des Unternehmens umfassend zu beantworten. Der anzusetzende Zukunftshorizont sollte das Doppelte des Zeitraums umfassen, den Ihr Unternehmen benötigt, um ein vollkommen neues Geschäftsfeld aufzubauen.

Die Geschäfteinheit

Zur Durchführung eines Zukunftsprojekts muss im Vorfeld die zu untersuchende Geschäfteinheit eindeutig durch die Mission und die Zielgruppe(n) definiert werden. Die Mission ist die Aufgabe, für deren langfristige Erfüllung Ihr Unternehmen mit Geld entlohnt wird. Das Unternehmen „Techem" beispielsweise definiert seine Mission wie folgt: „Messen und Abrechnen von Wasser und Energie". Eine Hilfestellung zur Definition der Mission bieten die folgenden Fragen:

- Wofür ist unser Unternehmen da?
- Was tut unser Unternehmen für die Menschen?
- Welches Grundbedürfnis befriedigen wir?
- Was würde der Welt ohne uns fehlen?

Das Zukunftsteam

Ihr Zukunftsteam muss zum einen interdisziplinär zusammengesetzt sein, um alle Wissensbereiche abzudecken und zum anderen die gesamte erste Führungsebene umfassen, um von Beginn an deren Unterstützung und Akzeptanz zu gewährleisten. Die weiteren Teilnehmer des Projektes können aus besonders qualifizierten, kreativen oder meinungsführenden Mitarbeitern bestehen. Zudem hat es sich bewährt, externe Experten aufzunehmen, wenn ein Wissensbereich nicht von den Mitarbeitern abgedeckt werden kann. Ein Zukunftsteam besteht aus insgesamt acht bis maximal fünfzehn Teilnehmern.

- *Mithilfe der fünf Zukunftsbrillen bestimmen Sie Ihre Zukunftsstrategie.*
- *Das Eltviller Modell rundet diese Sichtweisen durch das vorausgehende Zukunfts-Radar und die abschließende Institutionalisierung ab.*
- *Bevor Sie mit Ihrem Zukunftsprojekt beginnen, müssen Sie festlegen, welches Ziel Sie erreichen möchten, was Ihre Mission und wer Ihre Zielgruppe ist. Anschließend setzen Sie Ihr Zukunftsteam zusammen und planen den Ablauf des Projektes.*

30

30 MINUTEN

3. Zukunfts-Radar: Welche Trends, Technologien und Themen bestimmen Ihre Zukunft?

Mit dem Zukunfts-Radar bauen Sie sich die Wissensbasis für Ihr Zukunftsmanagement auf. In dieser Phase werden zu Beginn die Beobachtungsfelder bestimmt, anschließend die relevanten Zukunftsfragen formuliert und im letzten Schritt die möglichen Antworten gefunden. Wichtig ist hierbei, dass Sie zunächst keinerlei Bewertung der erarbeiteten Informationen vornehmen, da dies in diesem frühen Stadium kontraproduktiv ist.

3.1 Strategische Frühaufklärung

„Wir ertrinken in Informationen und hungern nach Wissen", hat John Naisbitt geschrieben. Er spricht von der Notwendigkeit, dass Unternehmen mit Sorgfalt und Systematik relevantes Wissen aus den in schier unendlicher Menge und Vielfalt verfügbaren Informationen herausfiltern müssen.

Nach der Ölkrise 1973 wurden zahlreiche Ansätze entwickelt, um zukünftige Bedrohungen in einem frühen Stadium zu erkennen. Dietger Hahn hat Ende der 1970er Jahre die Entwicklung von Frühaufklärungssystemen im deutschen Sprachraum in drei Generationen eingeteilt.

Die erste Generation, die so genannten „Frühwarnsysteme" (ab 1973) waren eine Ergänzung der unterjährigen Soll-Ist-Kontrolle um hochgerechnete voraussichtliche Ist-Werte, so genannte „forecasts". Die Aussagefähigkeit solcher „Frühwarnsysteme" für zukünftige Bedrohungen war und ist sehr begrenzt, weil die Abweichungsursachen im Umfeld des Unternehmens weitgehend unberücksichtigt blieben.

Die zweite Generation, die so genannten „Früherkennungssysteme" (ab 1977) bezogen langfristige Aspekte ein, indem die seit den 1920ern bekannten Kennzahlensysteme um Indikatoren erweitert wurden, die auf die zukünftige Entwicklungsrichtung des Marktes und des Unternehmens hinweisen können. Der Aspekt der Chancenerkennung rückte stärker in den Vordergrund. Neben real messbaren Indikatoren wie dem Auftragseingang, werden auch immaterielle Indikatoren, wie beispielsweise der Bekanntheitsgrad des Unternehmens oder die Kundenzufriedenheit berücksichtigt. Allerdings war und ist es mit solchen Indikatoren kaum möglich, Zukunftschancen außerhalb des heutigen Aktionsfeldes zu erkennen. Zukunftswissen wird nur innerhalb der bestehenden Strukturen gesucht.

Die dritte Generation, die so genannten „Frühaufklärungssysteme" (ab 1979) wurden im Wesentlichen von Igor Ansoff und seinem Konzept des „strategischen Radars" zur Identifikation „schwacher Signale" angestoßen. Überraschungen im Sinne plötzlicher Umweltveränderungen kündigen sich nach Ansoff durch „schwache Signale" an, die den starken Signalen der Indikatoren mit einem Vorlauf von mehreren Jahren vorausgehen. Leider hat Ansoff seine „schwachen Signale" nie genau definiert.

Mit einem Frühaufklärungssystem nach dem Modell des „strategischen Radars" werden unternehmensrelevante Ereignisse und Ereignishäufungen, Meinungen von Schlüsselpersonen, Verlautbarungen wichtiger Institutionen und Organisationen, Verbreitung von Meinungen und Ideen in den Medien sowie die Rechtsprechung im In- und Ausland beobachtet. Die „schwachen Signale" werden nach ihrer Relevanz beurteilt und mit der Unternehmensstrategie sowie der kurz-, mittel- und langfristigen Planung abgeglichen, um Chancen und Bedrohungen zu identifizieren. Erfolge in der strategischen Frühaufklärung wurden in der Praxis vor allem mit einfach strukturierten und im Tagesgeschäft verankerten Ansätzen erzielt. In einer solchen Form ist die Idee des strategischen Radars auch in das Eltviller Modell eingeflossen.

30 *Um zukünftige Bedrohungen in einem frühen Stadium zu erkennen, wurden Frühaufklärungssysteme entwickelt, die anfangs aus Kennzahlensystemen bestanden, dann um zukunftsgerichtete Indikatoren erweitert wurden. In der dritten Phase wendete man sich der Identifikation von „schwachen Signalen" zu, die zukünftige Veränderungen ankündigen.*

3.2 Stellen Sie Ihre Zukunftsfragen

Stellen Sie sich vor, es gäbe Zukunftsforscher, die wirklich die Zukunft kennen und für jede Antwort zur Zukunft Ihres Marktes 100.000 Euro verlangen. Stellen Sie sich weiter vor, Sie hätten einen Gutschein für fünf Fragen im Wert von 500.000 Euro gewonnen. Welche Fragen würden Sie über die Zukunft Ihres Marktes stellen? Selbst die Vorstände der größten Konzerne müssen meist lange nachdenken, bevor sie die fünf wichtigsten Zukunftsfragen gefunden haben. Die folgende Übersicht gibt Ihnen einige häufige Zukunftsfragen, die Sie als Vorlage für Ihre ganz persönlichen Fragen verwenden können.

30 *Strukturieren Sie Ihr Umfeld in Beobachtungsfelder und formulieren Sie Ihre fünf wesentlichen Fragen über die zukünftige Entwicklung Ihres Marktes.*

Beobachtungs-feld	Beispiel einer Zukunftsfrage
Kunden & Bedarfsfelder	Wie wird sich der Bedarf unserer Kunden verändern?
Markt & Mitbewerber	Welche Mitbewerber werden aus anderen Märkten in unseren Markt eintreten?
Technologie & Methoden	Welche neuen Technologien erlangen in unserem Geschäft starke Bedeutung?
Gesetze & Regularien	Was verändert sich Wesentliches in der Gesetzgebung und Rechtsprechung?

3.3 Bestimmen Sie Ihre Sensoren

Die Sensoren sind das wichtigste Element Ihres Zukunfts-Radars. Es sind die Mitglieder Ihres Zukunft-steams. Sie sind es, die durch Recherche, Beobachtung und Befragung mögliche Antworten auf Ihre Zukunfts-fragen finden. Wir nennen sie Sensoren, weil es nicht nur um die Erfassung harter Fakten, sondern ebenso um das Erspüren von schwachen Signalen mit allen Sinnen geht. Jedes Mitglied Ihres Zukunftsteams über-nimmt im Idealfall eine Zukunftsfrage, auf deren Bear-beitung er/sie sich konzentrieren kann. Ausgehend von einer Internet-Recherche werden vor allem die Publi-kationen der einschlägigen Experten und Zukunftsforscher identifiziert und ausgewertet sowie, falls nötig, direkte Interviews geführt.

30 *Jedes Mitglied Ihres Zukunftsteams fungiert als Sensor und konzentriert sich auf eine Zukunftsfrage.*

3.4 Ermitteln Sie die Zukunftsfaktoren

Zukunftsfaktoren sind „driving forces", also Triebkräfte der Veränderungen in Ihrem Marktumfeld. Mit dem Denkmodell der Zukunftsfaktoren fassen Sie die schier unendliche Vielfalt an Zukunftsinformationen, die Ihre Sensoren sammeln, zu überschaubaren Trends, Technologien und Themen zusammen. Sie finden nachfolgend eine Checkliste der wichtigsten Zukunftsfaktoren, aus der Sie sich die für Sie relevanten heraussuchen können.

Biosphärische Zukunftsfaktoren

• Klimawandel • Waldvernichtung • Bodenerosion und Wüstenbildung • Zunehmende Umweltverschmutzung	• Umwelttechnologien • Erdölknappheit • Trinkwasserknappheit • Schrumpfende Biodiversität • Rohstoffknappheit.

Technologische Zukunftsfaktoren

- 3D-Druck
- Agrar- und Lebensmitteltechnik
- Automatisierung und Robotik
- Biometrie
- Bionisierung
- Biotechnologie
- Dematerialisierung
- Display-Innovationen
- E-Learning
- Ergonomisierung
- Functional Food
- Human-Machine-Interfaces
- Informatisierung
- Internetisierung
- Künstliche Intelligenz
- Lasertechnik
- Leistungsfähigere Informationstechnologien
- Light Emitting Diodes (LED)
- Logistik- und Verkehrs-Innovationen
- Medizin-Innovationen
- Mikrosystemtechnik
- Mikroverfahrenstechnik
- Mobilisierung
- Nanotechnologien
- Neue Materialien
- Neurowissenschaften
- Photonik
- Prozess-Innovationen
- Sensorik
- Tertiarisierung und Quartarisierung
- Überwindung menschlicher Leistungsbarrieren
- Virtualisierung
- Wachsende Bildungsmärkte
- Werkstoff-Innovationen
- Wissenssysteme

Politische Zukunftsfaktoren

- Asiatischer Boom
- Aufstieg Chinas
- Aufstieg Indiens
- Europäische Integration
- Globalisierung
- Herausforderung Sozialsysteme
- Integration der ASEAN-Staaten
- Ökonomisierung des Staates
- Relativer Machtverlust der USA
- Staatliche Finanzprobleme

Wirtschaftliche Zukunftsfaktoren

- Bevölkerungsschrump-
  fung in Industrieländern
- E-Business
- Emanzipation der
  Kunden
- Energie-Innovationen
- Erdölknappheit
- Geschäftsfeld Weltraum
- Globales Bevölkerungs-
  wachstum
- Globales Wirtschafts-
  wachstum
- Interdisziplinarisierung
- Internet-Generation
- Internetisierung
- Meereswirtschaft
- Netzwerkwirtschaft
- Produktivitätswachstum
- Regionaler Bevölke-
  rungsschwund
- Rohstoffknappheit
- Sättigung der Märkte in
  entwickelten Staaten
- Spezialisierung der
  Märkte
- Steigender globaler
  Energiebedarf
- Tertiarisierung und
  Quartarisierung der
  Wirtschaft
- Zunehmende Wettbe-
  werbsintensität

Gesellschaftliche Zukunftsfaktoren

- Alterung
- Beschleunigung
- Bevölkerungsschrump-
  fung in Industrieländern
- Convenience-Orientie-
  rung
- Entrepreneurisierung
- Erlebnis-Orientierung
- Ethisierung
- Feminisierung
- Flexibilisierung
- Globales Bevölkerungs-
  wachstum
- Individualisierung
- Interkulturisierung
- Interkulturisierung
- Knappheit qualifizierter
  Arbeitskräfte
- Kriminalität
- Mass Customization
- Neue Familien
- Ökologische
  Nachhaltigkeit
- Polarisierung des
  Wohlstands
- Regionaler Bevölke-
  rungsschwund
- Regionalisierung
- Religiöse und ethnische
  Konflikte

• Salutogenese • Soziale Nachhaltigkeit • Spezialisierung der Märkte • Spiritualisierung • Terrorismus und „Krieg gegen Terrorismus" • Traditionelle Werte • Urbanisierung • Wissenswachstum	• Zunahme psychischer Erkrankungen • Zunahme von Zivilisationskrankheiten • Zunehmende Arbeitslosigkeit gering Qualifizierter • Zunehmende Komplexität

Für Ihr Zukunftsprojekt ist es entscheidend, in kurzer Zeit einen Überblick über die wesentlichen zukünftigen Entwicklungen zu erhalten. Für eine erste Analyse reicht es oftmals aus, die wichtigsten 20 bis 30 Zukunftsfaktoren mit wenigen Daten und Fakten zu untersuchen.

- *Strukturieren Sie Ihr Unternehmensumfeld in Beobachtungsfelder und stellen Sie die existenziellen Zukunftsfragen.*
- *Jedes Mitglied des Zukunftsteams übernimmt die Funktion eines Sensors und wird beauftragt, Informationen zu möglichen Antworten auf eine Zukunftsfrage zu erfassen und zu strukturieren.*
- *Bestimmen Sie die für Ihre Zukunftsfragen relevanten Zukunftsfaktoren.*

30

30 MINUTEN

4. Annahmen-Analyse: Wie wird sich Ihr Umfeld verändern?

Die Annahmen-Analyse wird im Eltviller Modell mit der „blauen Zukunftsbrille" illustriert, die nach der wahrscheinlichen Entwicklung des Unternehmensumfeldes in Bezug auf die genannten Beobachtungsfelder und Zukunftsfragen fragt.

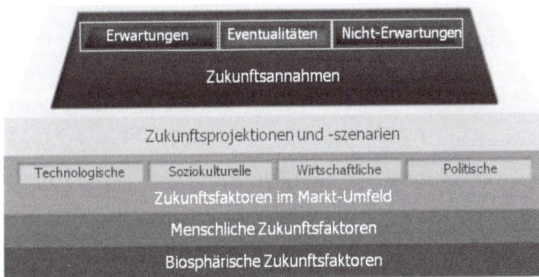

Die blaue Zukunftsbrille: Annahmen-Analyse

4.1 Grundmodelle der Zukunfts-
prognose

Für die Analyse und Prognose der wahrscheinlichen Zukunft gibt es viele methodische Ansätze. Einige Grundmodelle der Zukunftsprognose lernen Sie hier kennen.

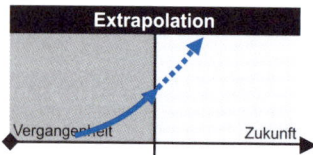

Beim Extrapolations-Modell werden vorhandene Trends in ihrem bisherigen Verlauf fortgeschrieben. Extrapolation wird in der Praxis häufig bei Umsatz- und Ertragsprognosen eingesetzt und ist das einfachste und zugleich auch fehleranfälligste Denkmodell der Zukunftsprognose.

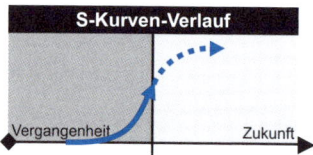

Die S-Kurve ist das Grundmodell vieler Marktprognosen. So kann beispielsweise das Wachstum der Weltbevölkerung wie auch die zukünftige Verbreiterung eines Produktes wie etwa eines neuen Computerchips prognostiziert werden. Leider weiß man nie genau, wo man sich auf der S-Kurve gerade befindet und wie lange die Entwicklung dauert.

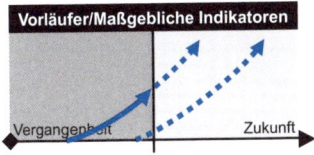

Beim Vorläufer-Modell geht man davon aus, dass sich Entwicklungen eines Landes, einer Branche oder eines Indikators in anderen Bereichen wiederholen. Zurzeit wird in Deutschland beispielsweise die erfolgreiche Halbierung der Arbeitslosigkeit in Dänemark als Zukunftsmodell diskutiert. Genauso untersuchen Klinikbetreiber zurzeit die Prozessabläufe in der Industrie, um ihre eigene Entwicklung vorauszusehen.

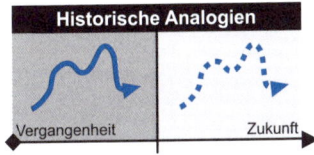

Bei historischen Analogien geht man davon aus, dass sich Grundmuster von Ereignissen und Abläufen wiederholen. So nahm beispielsweise der Aufstieg und Untergang der „New Economy" um die Jahrtausendwende den gleichen Verlauf wie der so genannte Tulpenzwiebel-Boom in Holland in den 1630er Jahren. Viele Unternehmensstrategien basieren auf Annahmen, die auf historischen Analogien basieren.

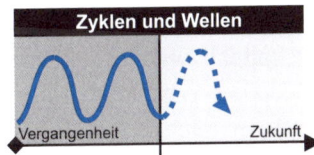

Nach dem zyklischen Modell verlaufen vergangene und zukünftige Prozesse in Form immer wiederkehrender Muster und Wellen. In diesem Zusammenhang sind die Kondratieff-Zyklen besonders bekannt, die durchschnittlich alle 53 Jahre eine neue Technologie als Wachstumsmotor der Weltwirtschaft betrachten. Im Unterschied zu den historischen Analogien geht man hier von einer stetigen Entwicklung aus, während der Zusammenhang zu historischen Analogien meist erst noch konstruiert werden muss.

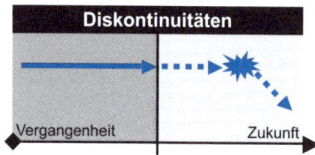

Diskontinuitäten sind überraschende Entwicklungen und einschneidende Ereignisse wie zum Beispiel ein Terroranschlag. Der Verlauf der Geschichte wird unterbrochen. Mit diesem Denkmodell geht man von einer überraschenden Entwicklung aus und baut darauf eine Aussage über die Zukunft auf.

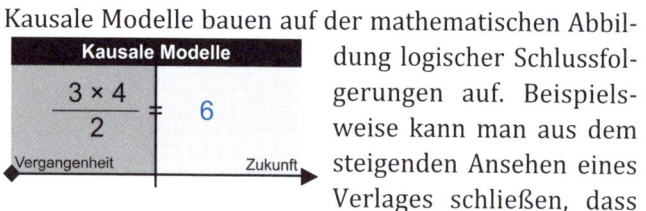

Kausale Modelle bauen auf der mathematischen Abbildung logischer Schlussfolgerungen auf. Beispielsweise kann man aus dem steigenden Ansehen eines Verlages schließen, dass sich die Auflage der Zeitung erhöhen wird. Bei sehr komplexen Systemen können jedoch weder die Ausgangsbedingungen noch die exakten Wirkungszusammenhänge und –stärken mathematisch beschrieben werden, so dass kausale Modelle eher dem Systemverständnis als der Systemprognose dienen.

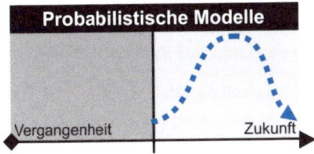

Probabilistische Modelle gehen für ihre Prognosen von der empirischen oder hypothetischen Wahrscheinlichkeit aus. Beispielsweise geht man davon aus, dass sich die Katastrophe von Tschernobyl mit einer Wahrscheinlichkeit von 1 zu 10.000 (Jahren) wiederholen wird. Der genaue Eintritt kann dabei nicht definiert werden.

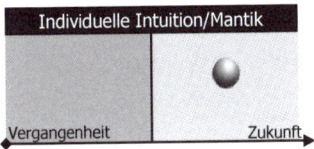

Bei diesem ältesten Modell der Zukunftsprognose verlässt man sich ganz auf seine Intuition. Ohne Anwendung von Methoden „weiß" man, was die Zukunft bringen wird und welche Strategien anzuwenden sind. Im Gegensatz zur landläufigen Meinung verwenden die meisten Autoren der Zukunfts- und Trendforschung nicht etwa komplexe Prognosemethoden, sondern meistens nur die individuelle Intuition, sie wissen einfach, was kommt.

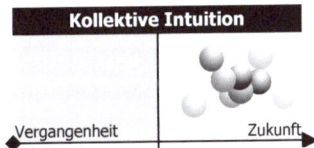

Das Modell der kollektiven Intuition geht davon aus, dass die Mittelwerte vieler intuitiv generierter Prognosen eine hohe Prognosequalität besitzen. Korrelationsanalysen der so genannten „Neujahrsfrage" des Allensbach-Instituts mit dem Wirtschaftwachstum des Folgejahres in Deutschland hatten über einige Jahrzehnte eine recht hohe Prognosequalität. So haben auch in einem Experiment der britischen Zeitschrift „Economist" die Londoner Müllmänner die Entwicklung der britischen Wirtschaft zwischen 1984 und 1994 genauer vorausgesagt als Finanzminister, Manager und Börsenexperten. Die Delphi-Methode ist eine für die Praxis operationalisierte Methode der kollektiven Intuition.

30 *Von den vielen Grundmodellen der Zukunftsprognose vermag natürlich keines die Zukunft zuverlässig vorherzusagen. Es sind Hilfsmittel für mehr oder weniger strukturierte Vermutungen über die wahrscheinliche Zukunft.*

4.2 Erarbeiten Sie Zukunftsprojektionen

Zukunftsprojektionen sind mögliche Antworten auf Ihre Zukunftsfragen. Schreiben Sie zu jeder Zukunftsfrage zunächst mindestens zwei eher unwahrscheinliche Extrem-Antworten auf, um den Raum der möglichen Antworten abzustecken. Erarbeiten Sie dann mit Ihrem Team mithilfe der obigen Grundmodelle der Zukunftsprognose die aus der subjektiven Sicht des Einzelnen wahrscheinlichen Antworten, die wir hier Zukunftsprojektionen nennen möchten.

Beispielhafte Zukunftsfragen und Projektionen einer Bank			
Zukunfts-Frage	**Extrem-Antwort A**	**Ihre Überzeugung?**	**Extrem-Antwort B**
Was wollen die Kunden in Zukunft anders?	Kein Bedarf an einer Bank	Die Masse der Kunden erwartet individuelle und zugleich umfassende Problemlösungen, egal von welchem Anbieter	Allumfassende Lebensbegleitung
Wie entwickelt sich der Wettbewerb am Markt?	Ruinöser Wettbewerb von Universalanbietern	Starker Wettbewerb zwischen allen Anbietern auf dem Markt	Wettbewerbsfreie Nischen
Wie entwickelt sich der Markt?	Fragmentierte Finanzdienstleister in unzähligen Branchen	Es gibt eine Flut von spezialisierten und generalistischen Finanzberatern in der Region	Klassische Banken
Welche Bedeutung hat Technologie?	Totale Technisierung mit künstlicher Intelligenz	Technologie hat den Menschen als Ansprechpartner und individuellen Problemlöser nicht ersetzt	Face-to-Face-Finanzberatung
Wie entwickelt sich die europäische Volkswirtschaft?	Wirtschaftskrise	Die konjunkturelle Entwicklung verläuft mit geringem Wachstum und weiterhin in unprognostizierbaren Zyklen	Boom

Formulieren Sie alle Zukunftsprojektionen für einen einheitlichen Zukunftshorizont, also beispielsweise für einen Zeitpunkt in fünf oder zehn Jahren.

30 *Zukunftsprojektionen sind mögliche Antworten auf Ihre Zukunftsfragen, die von den Mitgliedern Ihres Zukunftsteams bzw. von internen oder externen Experten gegeben werden.*

4.3 Analysieren Sie Ihre Zukunftsannahmen mithilfe der Delphi-Methode

Sie werden in Ihrem Zukunftsteam sehr unterschiedliche Überzeugungen und daher auch sehr verschiedene Projektionen zu Ihren Zukunftsfragen finden. In diesem Schritt steht es daher an, aus Ihren Zukunftsprojektionen brauchbare Zukunftsannahmen zu machen.

Am einfachsten gelingt dies mit einem der Delphi-Methode nach dem oben beschriebenen Modell der kollektiven Intuition ähnlichen Verfahren. Die Delphi-Methode wurde in ihrer Urform von Olaf Helmer und Norman Dalkey 1953 als strukturierte und in mehreren Runden durchzuführende Expertenbefragung entwickelt. In der Annahmen-Analyse nach dem Eltviller Modell werden die Mitglieder Ihres Zukunftsteams in zwei, selten in drei Durchgängen nach ihrer Einschätzung der Wahrscheinlichkeit jeder Zukunftsprojektion befragt. Dabei geht es nicht um eine statistische Wahrscheinlichkeit, die aufgrund fehlender Vergangenheitsdaten nicht möglich ist, sondern vielmehr um eine Erwartungswahrscheinlichkeit.

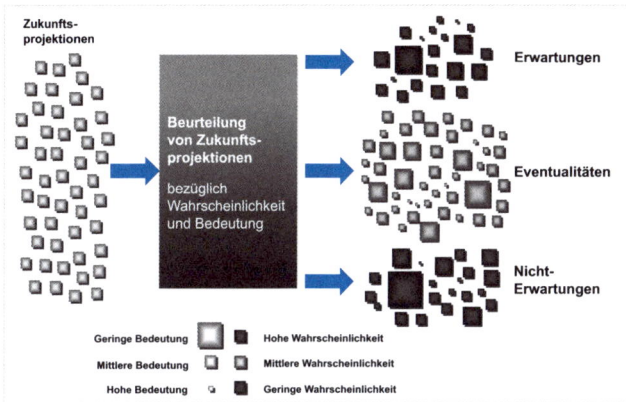

Beurteilung von Zukunftsprojektionen

Unterteilen Sie Ihre Zukunftsprojektionen entsprechend den ihnen im Mittel zugemessenen Erwartungswahrscheinlichkeiten in drei Klassen:

- Eine **Erwartung** ist eine Zukunftsannahme, die eine hohe Erwartungswahrscheinlichkeit ausdrückt.
- Eine **Eventualitä**t ist eine Zukunftsannahme, die eine mittlere Erwartungswahrscheinlichkeit ausdrückt.
- Eine **Nicht-Erwartung** ist eine Zukunftsannahme, die eine niedrige Erwartungswahrscheinlichkeit ausdrückt.
- Eine **Überraschung** ist eine Projektion oder ein Szenario eines Ereignisses oder einer Entwicklung im Umfeld mit niedriger Wahrscheinlichkeit, aber mit potenziell starken Auswirkungen.

Das Annahmenpanorama

In dieser Art der Annahmen-Analyse geht es erst in zweiter Linie um eine hohe Prognosesicherheit. Primär geht es darum, die in Ihrem Zukunftsteam vorherrschenden Zukunftsannahmen zu ermitteln und durch Austausch von Wissen zu fundieren. Es geht also weniger um die Prognose der Zukunft als um die Diagnose der Grundlagen Ihrer bestehenden und der zu entwickelnden Zukunftsannahmen. Das Ergebnis Ihrer Annahmen-Analyse ist das Zukunftspanorama. Es handelt sich dabei um eine grafische oder tabellarische Übersicht Ihrer erarbeiteten Zukunftsfragen, Zukunftsprojektionen und Erwartungswahrscheinlichkeiten (Zukunftsannahmen) und bildet die Grundlage für die nächsten Schritte im Zukunftsmanagement.

- *Die Annahmen-Analyse des Eltviller Modells verfolgt einen an der unternehmerischen Zukunft orientierten Ansatz, der aus einer Kombination der Delphi-Methode mit weiteren Prognosemodellen entstanden ist.*

- *Die Zukunftsprojektionen sind mögliche Antworten auf Ihre Zukunftsfragen. Sie werden vom Zukunftsteam und eventuell externen Experten nach der subjektiven Erwartungswahrscheinlichkeit evaluiert und dabei in Erwartungen, Nicht-Erwartungen, Eventualitäten und Überraschungen differenziert.*

- *Das Ergebnis der Annahmen-Analyse ist das Zukunftspanorama, eine Übersicht der Zukunftsfragen, Zukunftsprojektionen und ihrer Wahrscheinlichkeiten.*

30 MINUTEN

5. Überraschungs-Analyse: Auf welche Überraschungen müssen Sie sich vorbereiten?

Nur eins ist in der Zukunft sicher: dass sie anders kommt als wir sie uns vorstellen. Mit der „roten Zukunftsbrille" analysieren Sie die unerwartete und überraschende Zukunft.

Im Rahmen der Überraschungs-Analyse entwickeln Sie Präventiv- und Eventualstrategien, um Ihre strategische Vision gegen unerwartete Entwicklungen robust zu machen.

Die überraschende Zukunft erfordert im Gegensatz zur Annahmen-Analyse kein Denken in Wahrscheinlichkeiten, sondern ein Denken in Unwahrscheinlichkeiten. Gehen Sie davon aus, dass sich wesentliche Zukunftsannahmen als falsch erweisen.

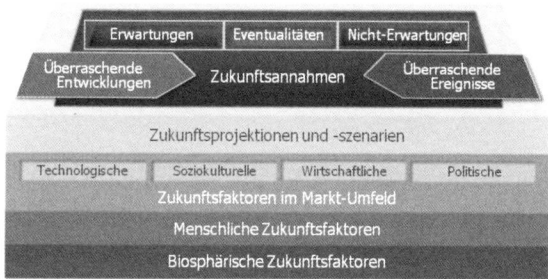

Die rote Zukunftsbrille: Überraschungs-Analyse

5.1 Identifizieren Sie mögliche überraschende Ereignisse als „wild cards"

Es gibt zwei Arten von Überraschungen, die ereignishaften und die prozesshaften. Die ereignishaften Überraschungen kommen plötzlich und werden von den Zukunftsforschern als „wild cards" bezeichnet. Bekanntes Beispiel ist der 11. September 2001 (Anschlag auf das World Trade Center in New York und das Pentagon in Washington) oder auch die Maueröffnung am 09. November 1989. Um eine ereignishafte Überraschung handelt es sich auch, wenn der Strom für mehrere Tage ausfällt, die gesamte Geschäftsführung bei einem Unfall um das Leben kommt oder ein Mitbewerber seine Preise plötzlich um 20% senkt. Was tun Sie bereits heute, um sich auf einen solchen Fall vorzubereiten?

5.2 Identifizieren Sie mögliche überraschende Entwicklungen mit der Szenario-Methode

Prozesshafte Überraschungen kündigen sich durch so genannte schwache Signale an und bieten daher die Möglichkeit der Früherkennung. Beispielsweise zeichnete sich die rapide Verbreitung des Internets ab Mitte der 1990er Jahre bereits rund zwanzig Jahre vorher durch einige Vorläufersysteme ab. Nutzen Sie für die Berücksichtigung prozesshafter Überraschungen in Ihrer Strategie die Szenario-Methode als Denkinstrument.

Szenarien haben die Funktion, eine Zukunftsstrategie solider und robuster zu machen und die Vorstellungskraft und Aufmerksamkeit für die grundsätzliche Möglichkeit des jeweiligen Szenarios zu schärfen. Szenarien wurden Anfang der 1950er Jahre erstmals in der RAND-Corporation von Herman Kahn entwickelt, zunächst als militärische Planspiele, die es ermöglichen sollten, unterschiedliche Ausgänge strategischer Konstellationen zu analysieren. Seit Ende der 1960er Jahre haben Szenarien als Werkzeuge der Zukunftsforschung und Planung stetig an Bedeutung gewonnen. Zu dieser Zeit wurde offenbar, dass die Zeit des selbstverständlichen Wirtschaftswachstums und damit auch die Zeit der einigermaßen treffsicheren Prognosen vorüber war. Die Zukunftsforscher erkannten in Szenarien den Ausweg aus dem Zielkonflikt, gleichzeitig die Komplexität und Unvorhersagbarkeit der Zukunft darzustellen, wie auch das von den Klienten verlangte Orientierungswissen zu liefern.

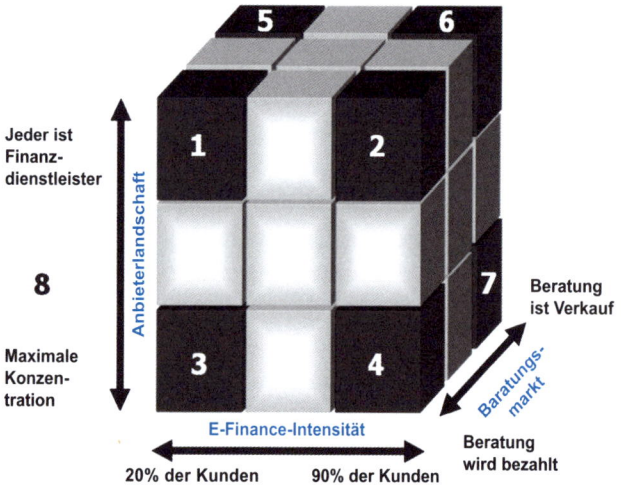

Acht Szenarien des Bankenmarktes

Sie können sich extreme und überraschende Zukünfte leichter vorstellen und anschaulich darstellen, indem Sie zwei bis drei Zukunftsfragen in einer Matrix oder einem Würfel darstellen.

Das obige Beispiel aus dem Bankenmarkt hat drei Achsen:

- Die Achse E-Finance fragt danach, wie viel Prozent der Menschen E-Finance zur Erledigung ihrer finanziellen Angelegenheiten nutzen.
- Die Achse Beratungsmarkt fragt, ob in Zukunft die gesondert gezahlte Finanzberatung als selbstverständlich oder ausschließlich als Verkaufsinstrument angesehen wird.
- Die Achse Anbieterlandschaft fragt danach, ob der Anbietermarkt zukünftig aus wenigen großen Finanzdienstleistern bestehen oder ob sich dieser Bereich in praktisch jedem Unternehmen etablieren wird.

Durch die Kombination von drei Achsen und jeweils zwei Extrempositionen ergeben sich acht unwahrscheinliche, aber dennoch denkbare Szenarien, die Sie nun zur Prüfung und Verbesserung Ihrer strategischen Vision und Ihrer Zukunftsstrategie nutzten können. Sie erweitern damit Ihre Vorstellungskraft und erhöhen Ihre Aufmerksamkeit für auf den Eintritt der Szenarien hindeutenden schwachen Signale in Ihrem Marktumfeld.

Ereignishafte Überraschungen sind so genannte „wild cards" und treten plötzlich und unerwartet

30

ein. Prozesshafte Überraschungen kündigen sich durch schwache Signale an und können mit der Szenario-Methode dargestellt werden.

5.3 Erarbeiten Sie Präventiv- und Eventualstrategien

Grundsätzlich haben Sie folgende Möglichkeiten der Berücksichtigung von Überraschungen:

Vernachlässigen

Sie müssen den größten Teil möglicher Überraschungen vernachlässigen. Wenn Sie sich auf alle denkbaren Überraschungen vorbereiten wollen, sind Sie zu sehr mit der Absicherung beschäftigt und verlieren Zeit und Flexibilität.

Verhindern des Eintritts

Die meisten überraschenden Entwicklungen können Sie nicht verhindern. Dies ist nur in den seltenen Fällen möglich, in denen Sie direkten Einfluss ausüben können, z.B. durch Wahl eines anderen Geschäftspartners.

Vorsorgen durch Präventivstrategien

Eine Präventivstrategie wird vor Eintritt der Überraschung entwickelt und in die Zukunftsstrategie integriert. Gilette forscht beispielsweise an Lasertechnologien für die Rasur, weil sie sich für den Fall absichern wollen, dass Laser dereinst Klingen ersetzen.

Vorbereiten von Akutstrategien

Akutstrategien sind schnell umsetzbare Notfallstrategien nach Eintritt einer Überraschung. So können Sie auf Vorrat eine Akutstrategie entwickeln für den Fall, dass Ihr Mitbewerber plötzlich die Preise radikal senkt.

Versichern gegen den möglichen Schaden

Gegen strategische Risiken können Sie sich zwar kaum versichern, aber zumindest können Sie prüfen, ob Sie sich zum Beispiel durch eine Fertigstellungsversicherung gegen das Risiko versichern, dass ein Lieferant eine zugesagte Entwicklung nicht abschließen kann.

Vermindern des eingetretenen Schadens

Wenn ein Schaden wirklich eintritt, hilft nur noch die Schadensbegrenzung. Ist zum Beispiel ein Nahrungsmittelhersteller mit einer massenhaften Vergiftung von Kunden konfrontiert, wird durch Krisenkommunikation und Krisenmaßnahmen alles dafür getan, den Imageschaden für das Unternehmen zu begrenzen.

- *Bei der Überraschungs-Analyse wird die unerwartete und überraschende Zukunft vorgedacht, untersucht und somit die strategische Vision gegenüber unvorhersehbaren Entwicklungen und Ereignissen gefestigt.*
- *Ergebnis sind Präventiv- und Eventualstrategien.*

30

30 MINUTEN

6. Chancen-Entwicklung: Welche Zukunftschancen können Sie früh erkennen?

Die Chancen-Entwicklung ist gekennzeichnet durch die „grüne Zukunftsbrille". Das Ziel besteht darin, möglichst viele attraktive Zukunftschancen zu erkennen und dabei frei und grenzenlos zu denken.

Zukunftschancen sind das Material, aus dem die Zukunft generell und Ihre Zukunftsstrategie im Speziellen gebaut wird. Resultat der Chancen-Entwicklung ist ein so genanntes Chancenpanorama.

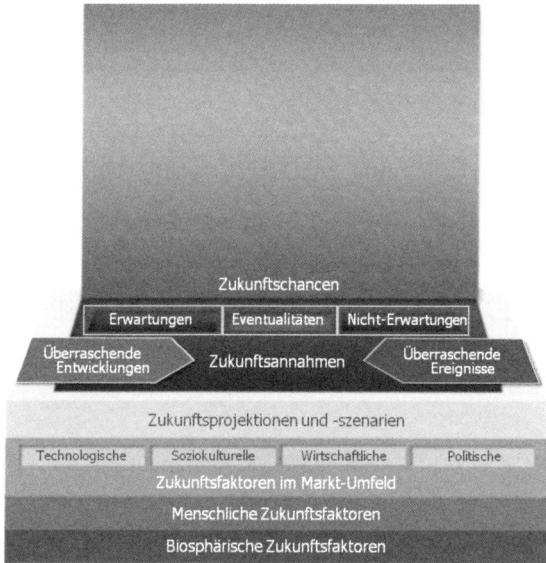

Die grüne Zukunftsbrille: Chancen-Entwicklung

6.1 Stellen Sie Ihre Strategiefragen

In der Chancen-Entwicklung geht es nicht mehr um Zukunftsfragen, sondern um Strategiefragen, die auch in späteren Phasen Ihres Zukunftsmanagements relevant sein werden. Strategiefragen schaffen einen direkten Bezug zwischen den Entwicklungen des Umfeldes und dem zukünftig sinnvollen strategischen und operativen Handeln in Ihrem Unternehmen.

Stellen Sie sich nun erneut vor, Sie dürften fünf Fragen stellen, deren Antworten jeweils 100.000 Euro wert sind. Nur müssten Sie diese Fragen nicht mehr wie in der Annahmen-Analyse den Zukunftsforschern stellen, sondern Experten für Unternehmensführung, also Praktikern und Wissenschaftlern des Managements. Welche Fragen würden Sie stellen?

Wählen Sie Ihre eigenen Strategiefragen mithilfe der folgenden Beispiele:
1. Welche Geschäftsfelder sollen wir erschließen?
2. Welche Geschäftsfelder sollen wir verlassen?
3. Welche wertvollen Produkte und Lösungen sollen wir in unseren bestehenden Geschäftsfeldern bieten?
4. Wie gewinnen und halten wir auf effektive Weise gute Kunden?
5. Wie werden wir die beste Mannschaft der Branche?
6. Wir erhöhen wir unsere die Effizienz und Effektivität unserer Prozesse?

Konzentrieren Sie sich bei der Chancen-Entwicklung auf die wichtigsten fünf Strategiefragen.

30

6.2 Entwickeln Sie Chancen aus Zukunftsprojektionen

Mit den Zukunftsprojektionen aus der Annahmen-Analyse haben Sie die wichtigsten absehbaren Veränderungen

Ihres Umfelds in der Zukunft erfasst. Jeder dieser Veränderungen hat mehr oder minder starke Auswirkungen auf Ihr Unternehmen bzw. auf Ihr Leben. Der erste Teil der Chancen-Entwicklung besteht folglich darin, die Chancen in diesen Veränderungen zu erkennen.

Vernetzen Sie in einer Chancenmatrix die Beobachtungsfelder mit den Zukunftsfragen und dazugehörigen Projektionen einerseits und die Gestaltungsfelder mit den dazugehörigen Strategiefragen und Chancen andererseits. So können Sie die Auswirkungen und Chancen aus jeder Projektion für jedes Gestaltungsfeld leichter erkennen.

Die einfachste Denkfrage bei der Bearbeitung der Chancenmatrix lautet: „Wie kann ich / können wir mit dieser für die Zukunft projizierten Entwicklung meines Marktes erfolgreicher werden?"

Eine Projektion „der Bedarf nach Einfachheit und Convenience wird bis 2018 stark gewachsen" würde im Gestaltungsfeld „Systeme & Prozesse" als Chance nahe legen, ein Projekt „make it simple" durchzuführen, um konsequent alle Strukturen und Abläufe zu vereinfachen und damit zu effektivieren. Im Gestaltungsfeld Mensch & Kultur wäre die Chance erkennbar, die Mitarbeiter in der Erkennung von Vereinfachungsmöglichkeiten zu schulen und zusätzlich Einfachheit zum Element der Unternehmenskultur zu machen. Im Gestal tungsfeld Produkte & Leistungen ergäbe sich konsequenterweise die Chance, die Zahl der Grundprodukte radikal zu reduzieren und die Modularisierbarkeit zu erhöhen.

Gestaltungsfelder

Beobachtungs-Felder und Zukunftsprojektionen		Strategie	Märkte & Geschäfts-felder	Marketing & Vertrieb	Produkte & Leistungen	Mensch & Kultur	Systeme & Prozesse	Partner & Lieferanten	Finanzen & Ressourcen
Kunden & Bedarfsfelder	Projektion 1								
	Projektion 2								
	Projektion 3								
	Projektion 4								
	Projektion 5								
Markt & Mitbewerber	Projektion 6								
	Projektion 7								
	Projektion 8								
	Projektion 9								
	Projektion 10								
Technologie & Methoden	Projektion 11								
	Projektion 12								
	Projektion 13								
	Projektion 14								
	Projektion 15								
Gesetze & Regeln	Projektion 16								
	Projektion 17								
	Projektion 18								
	…								

Die Chancenmatrix

6.3 Entwickeln Sie Chancen mit Kreativmethoden

Die Produktivität Ihrer Chancen-Entwicklung können Sie durch Kreativmethoden enorm steigern. Als besonders effektiv haben sich die im Eltviller Modell verwendeten Denkmodelle erwiesen. Sie schaffen die offene, unkritische, visionäre und unkonventionelle Denkweise, die in der Chancen-Entwicklung unabdingbar ist. Verwenden Sie die folgenden Denkmodelle, um Zukunftschancen frühzeitig zu erkennen.

Biostrategie: Wie würde die Natur Ihr Geschäft organisieren und führen? Die Natur ist die älteste bekannte Firma der Welt und bietet nicht nur im Sinne der technischen Bionik technisch unzählige „best practices", sondern auch für die Organisation und Strategie von Unternehmen. Das Prinzip der Selbstorganisation hat viele Unternehmen flexibler und die Menschen selbständiger und zufriedener gemacht. Das Prinzip der Spezialisierung hat vielen Unternehmen geholfen, bei ihren Stärken zu bleiben und dort weltweit erfolgreich zu werden. Wie können Sie Ihre Firma „natürlicher" machen?

Strategische Verwandte: Wie würden strategische Verwandte Ihr Geschäft betreiben? Sehen Sie über den Tellerrand und lernen Sie von verwandten Branchen. Das Massachusetts Institute of Technology hat festgestellt, dass neue revolutionäre Technologien oft bereits jahrelang in anderen Branchen genutzt wurden, nur keine Beachtung fanden. Strategische Verwandte sind zum Beispiel im Bereich der „schnellen Abfertigung" die Formel Eins und die Luftfahrtgesellschaften. Je schneller der Rennwagen und das Flugzeug wieder die Parkposition verlassen, desto erfolgreicher sind sie. Auch Aldi und Ryan-Air sind strategische Verwandte, weil sie preiswert sind, einen einfachen Service und dennoch hohe Qualität bieten. Wer sind Ihre strategischen Verwandten?

Reinkarnation: Wie würde jemand aus der Vergangenheit Ihr heutiges Geschäft betreiben? Nicht alles Alte ist auch wirklich überholt. Beispielsweise gab es in den 1920er Jahren schon vegetarische Restaurants, Fitness-Vereine und Jugendschalter in Banken. Der Convenience-Shop ist nichts anderes als der alte Tante-Emma-Laden. Welche Konzepte aus der Vergangenheit machen in Ihrem Geschäft heute wieder Sinn?

Wirkung: Wie können Sie Ihr Geschäft mit Wirkungen statt mit Produkten und Lösungen machen? Erst als Reinhold Würth begann, nicht nur Schrauben, sondern Befestigungsmittel zu verkaufen, eröffnete sich das Potenzial für das beachtliche Wachstum seines Unternehmens. Kunden kaufen keine Kleider, sondern gutes Aussehen und Image. Kunden kaufen keinen Dünger, sondern schön gewachsene Pflanzen. Leicht vergisst man, wofür man eigentlich bezahlt wird. Welche Chancen sehen Sie, wenn Sie sich bewusst machen, wofür Sie letztlich bezahlt werden? Wie kann sich diese Wirkung anders erzielen lassen?

Enterprise: Wie würde Ihr Geschäft in durchdachter Science Fiction aussehen? Durch TV-Serien wie „Raumschiff Enterprise" können Sie sich inspirieren lassen. Der in der Serie vorkommende „Communicator" gilt als Vorbild für die heutigen Handys und das Holodeck für „virtual and augmented reality". Vorstellungen von Virtualität sind durch die so genannten „Holodecks" aus der Science Fiction geprägt. Welche Vorlage liefert Ihnen durchdachte Science Fiction für Ihre Zukunft?

- *Die Chancen-Entwicklung dient dazu, Ihren Horizont für die Möglichkeiten der Zukunft zu erweitern.*
- *Zukunftschancen sind das Material aus dem die Zukunft und Ihre Zukunftsstrategie gemacht wird.*
- *Zukunftschancen beziehen sich auf neue Märkte, Produkte, Strategien, Strukturen und Systeme.*
- *Ergebnis der Chancen-Entwicklung ist ein Chancenpanorama, eine Übersicht der Zukunftschancen, die in der Visions- und Strategie-Entwicklung bewertet werden.*

30

30 MINUTEN

7. Visions-Entwicklung: Welche Zukunft wollen Sie gestalten und genießen?

Mit der „gelben Zukunftsbrille" der Visions-Entwicklung entscheiden Sie sich, welche Zukunft Sie für Ihr Leben oder Ihr Unternehmen verwirklichen möchten. Sie beurteilen Ihre Zukunftschancen aus der Chancen-Entwicklung danach, inwieweit ihre Umsetzung angesichts der zukünftigen Umfeldentwicklungen und Ihrer Prioritäten empfehlenswert ist. Die Visions-Entwicklung führt zum ersten Teil Ihrer Zukunftsstrategie.

Ziel der strategischen Vision ist es, eine bildliche Vorstellung davon zu vermitteln, wie Ihr (Lebens-)unternehmen in fünf oder zehn Jahren aussehen soll. Es geht nicht um die schönen Sätze, die man häufig mit dem Vision überschrieben findet. Es geht vielmehr um das konkrete Bild einer faszinierenden, gemeinsam erstrebten und realisierbaren Zukunft.

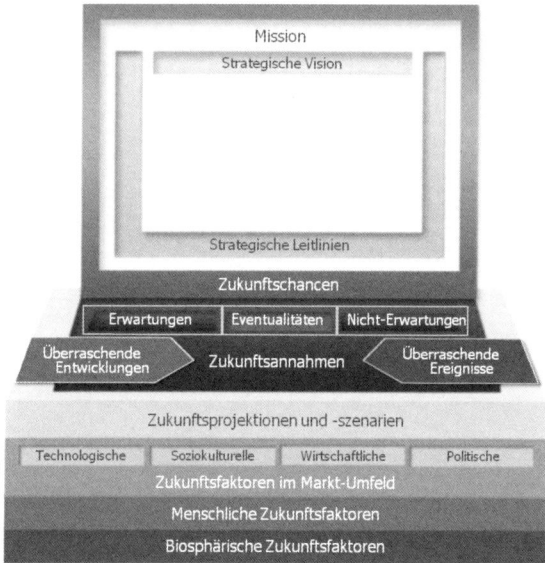

Die gelbe Zukunftsbrille: Visions-Entwicklung

Die strategische Vision soll eine konkrete Antwort auf die Frage nach dem „wohin" geben. Sie soll für Sie selbst und für Ihre Mitarbeiter eine Vorlage für das tägliche Puzzle liefern. Eine strategische Vision ist dann gut gelungen, wenn sie die Menschen begeistert und orientiert, wenn sie sich mit ihr identifizieren. Sie soll durch ihre „Leuchtturmfunktion" eine mentale Fokussierung ermöglichen.

7.1 Beurteilen Sie Ihre Zukunfts-chancen

Von den zahlreichen Chancen aus der Chancen-Entwicklung eignen sich meist nur fünf bis zehn Prozent für die Integration in Ihre Zukunftsstrategie. Sie werden nach Kriterien wie den folgenden auf ihre Qualität hin beurteilt:

Die Chance muss
- zu den Ihren Stärken passen,
- zu Ihren finanziellen Möglichkeiten passen,
- Ihre Wettbewerbsposition verbessern und
- innerhalb eines bestimmten Zeitraums umsetzbar sein.

Verwenden Sie für eine erste grobe Bewertung Ihrer Zukunftschancen das einfache „Drei-Strich-Verfahren". In der ersten Runde macht jedes Mitglied Ihres Zukunftsteams einen Strich vor jeder Chance, die er oder sie für grundsätzlich interessant befindet. Der zweite Strich erfolgt bei jeder Chance, die den festgelegten Kriterien gänzlich entspricht und der dritte Strich erfolgt bei den besten fünf bis zehn Prozent aller Chancen. Mithilfe dieses Verfahrens können Sie in kurzer Zeit mehrere hundert Chancen grob bewerten. Für speziellere Beurteilungen können Sie präzisere Verfahren wie die Nutzwertanalyse oder den Paarvergleich verwenden.

30 *Beurteilen Sie jede Chance nach mehreren Kriterien. Nur die fünf bis zehn Prozent besten Chancen eignen sich für Ihre Zukunftsstrategie.*

7.2 Erarbeiten Sie Visionskandidaten

Ihre strategische Vision soll im Markt einzigartig sein. Dies ist ein entscheidender Faktor für Ihre nachhaltige Ertragskraft. Um dies sicherzustellen, sollten Sie nicht nur fragen, was Ihnen und Ihren Mitarbeitern in der Zukunft wichtig ist, denn das dürfte mit großer Sicherheit zum gleichen Ergebnis wie bei Ihren Konkurrenten führen. Das schadet allen Akteuren im Markt. Entwickeln Sie mehrere Visionskandidaten, also mögliche Entwürfe Ihres (Lebens-)unternehmens in der Zukunft. Ihre Visionskandidaten können sich unterscheiden nach Identitäten, Regionen, Geschäftsfeldern, Philosophien oder strategischen Konzepten. Die Denkfrage ist:

„Was könnte ich aus mir bzw. aus meinem Unternehmen in den nächsten fünf bis zehn Jahren machen?".

Einige der am besten bewerteten Chancen in Ihrem Chancenpanorama eignen sich als Ausgangspunkte für die Entwicklung in sich schlüssiger Roh-Entwürfe einer möglichen strategischen Vision. Die Visionskandidaten können Sie anschließend beurteilen und sich für einen oder für eine Kombination aus mehreren entscheiden. So stellen Sie sicher, dass Ihre strategische Vision nicht nur eine Ansammlung allgemeiner Zukunftswünsche ist, sondern dass sie eine im Markt möglichst einzigartige langfristige und komplexe Zielsetzung darstellt.

Haben Sie davon eine Reihe von fünf bis zehn Visions-Kandidaten entwickelt, stellen Sie durch Abgleich mit dem Zukunftspanoramas aus der Annahmen-Analyse sicher, dass diese im Einklang mit den zukünftigen Marktentwicklungen stehen. Vergleichen Sie dann jeden Visionskandidaten hinsichtlich seiner Erfüllung grundsätzlicher Kriterien, ähnlich wie Sie es mit den Zukunftschancen getan haben, und bringen Sie die Visionskandidaten in eine schlüssige Rangfolge.

Einige Ihrer gut bewerteten Chancen werden zu Visionskandidaten. Diese bilden die Grundlage für eine am Markt einzigartige strategische Vision.

30

7.3 Beschreiben und visualisieren Sie Ihre strategische Vision

Nehmen Sie die bevorzugten Visionskandidaten als Basis Ihrer strategischen Vision. Beschreiben Sie bildhaft und nach Möglichkeit präzise die gewünschte Zukunft Ihres (Lebens)unternehmens. Faszinierend und realisierbar, in Sichtweite aber noch außer Reichweite soll Ihre strategische Vision sein.

Die erste Fassung besteht meist aus mehreren Textseiten. Diese Informationsmenge kann sich kaum jemand dauerhaft gut merken. Fassen Sie Ihre strategische Vision daher auf einer Seite zusammen. Die Hintergründe zu den einzelnen Visionselementen können Sie in einer ausführlichen Erläuterung als Anlage festhalten.

Der kleinste, aber zugleich wichtigste und schwierigste Teil ist die Zusammenfassung der Kurzfassung in einem Satz bzw. einer Schlagzeile. Diese Schlagzeile soll die wesentliche Besonderheit in der strategischen Vision Ihres Unternehmens wiedergeben.

Idealerweise lassen Sie Ihre strategische Vision in einem oder einer Reihe von Zeichnungen visualisieren. Wenn Ihnen dies zu aufwändig erscheint, können Sie hilfsweise Fotos und Grafiken aus Bilddatenbanken verwenden.

- *Bewerten Sie die Chancen aus dem Chancen-panorama anhand von Kriterien.*
- *Erarbeiten Sie fünf bis zehn schlüssige Visions-kandidaten und bringen Sie sie in eine Reihenfolge.*
- *Formen Sie aus den besten Visionskandidaten Ihre strategische Vision.*
- *Beschreiben Sie ein schlüssiges, faszinierendes und realisierbares Bild Ihrer gewünschten Zukunft und visualisieren Sie Ihre strategische Vision durch Zeichnungen und Bilder.*

30

30 MINUTEN

8. Strategie-Entwicklung: Was werden Sie praktisch tun?

Wie viele mit großer Begeisterung erarbeitete Visionen und Strategien sind im unternehmerischen Alltag schon im Sand verlaufen, vergessen worden und gescheitert? Mit der „violetten Zukunftsbrille" der Strategie-Entwicklung machen Sie Ihre Zukunftsstrategie erst vollständig.

Erst mit der Verbindlichkeit von strategischen Leitlinien, Zielen und Projekten im operativen Geschäft kann Zukunftsmanagement zum wirtschaftlichen Erfolg führen.

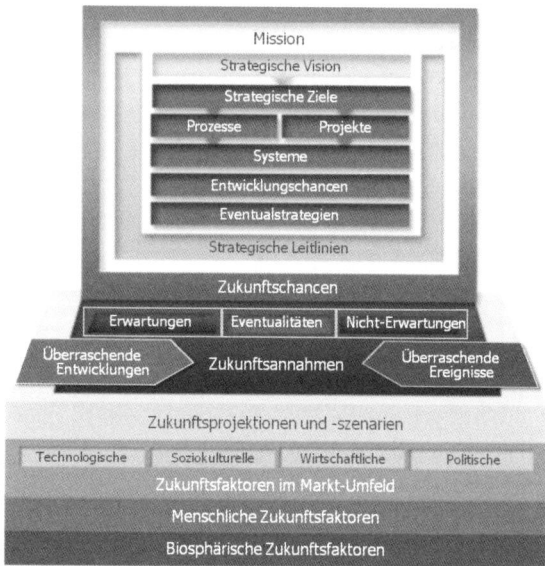

Die violette Zukunftsbrille: Strategie-Entwicklung

8.1 Bestimmen Sie Ihre strategischen Leitlinien, Ihre Mission und Ihre Entwicklungschancen

Auf dem Weg zur Verwirklichung Ihrer strategischen Vision müssen Sie eine Reihe selbst gegebener Leitlinien beachten. Strategische Leitlinien sind wie Gesetze Ihrer Strategie. Sie bilden die Grundlage für Ihre strategischen operativen Entscheidungen im Tagesgeschäft. Eine strategische Leitlinie könnte sein, dass Sie sich auf den deutschen Sprachraum konzentrieren oder dass Sie grundsätzlich alle benötigen Baugruppen zukaufen oder dass Sie grundsätzlich von Kooperationen mit anderen Anbietern absehen.

Überprüfen Sie in diesem Zusammenhang auch Ihre anfänglich definierte Mission. Durch die vorhergehenden Phasen des Zukunftsmanagements können sich Erkennt-nisse ergeben haben, die eine Neubestimmung Ihres langfristigen Unternehmenszwecks erfordern. In der Regel wird jedoch die eingangs bestimmte Mission im Wesentlichen fortgeführt.

Eine Entwicklungschance ist ein „Rohdiamant", also eine Chance, deren Realisierbarkeit noch in Frage steht oder die konzeptionell noch reifen muss. Sie kann nach nötiger Weiterentwicklung und nach praktischen Tests zu einem späteren Zeitpunkt zu einem Visionselement oder einem Ziel werden.

8.2 Bestimmen Sie Ihre strategischen Ziele und Projekte

Ihre strategische Vision haben Sie mit einem Zeithorizont von fünf bis zehn Jahren formuliert. Leiten Sie nun strategische Ziele ab, die als zeitliches Bindeglied zwischen der Gegenwart und Ihrer strategischen Vision dienen. Formulieren Sie Ihre strategischen Ziele anhand folgender Denkfragen:

• Ziel-Name: Wie heißt das Ziel?

- Messkriterien: Woran erkennen wir die Zielerreichung?
- Zielbild: Wie können wir das Ziel als Bild sehen?
- Zielweg: Was tun wir, um das Ziel zu erreichen?
- Ressourcen: Welche Ressourcen brauchen wir?
- Zielmanager: Wer ist Motor und Navigator für das Ziel?

Bestimmen Sie für jedes Ziel die Meilensteine der Realisierung jeweils mindestens ein Projekt, in dem Sie an der Verwirklichung des Ziels arbeiten.

Die Ziele und Projekte können Sie mit ihren Messgrößen in einer Balanced Scorecard abbilden. So verbinden Sie die strategischen Ziele und Projekte mit den operativen Zielen und Zahlen. Zudem erleichtert eine Balanced Scorecard die laufende Soll-Ist-Kontrolle.

8.3 Teilen Sie Ihre Zukunftsstrategie mit

Ihre Zukunftsstrategie bleibt wirkungslos, bevor Sie sie mit allen Beteiligten teilen. Wenn Sie Ihre strategische Vision in Zeichnungen oder Bildern visualisiert haben, werden Sie sie leichter kommunizieren können. Leiten Sie einen Prozess des gemeinsamen Lernens ein. Ihre Zukunftsstrategie ist eine ewige periodische Baustelle, auf der Sie mindestens einmal im Jahr intensiv arbeiten sollten.

8.4 Bleiben Sie mit einem Zukunftsmanagement-System auf Kurs

Mit der Institutionalisierung schließen Sie den Kreislauf des Zukunftsmanagements. Sie stellen damit sicher, dass Sie mit einem permanent laufenden Zukunfts-Radar über absehbare und mögliche Entwicklungen Ihres Marktes informiert ist und Ihre Zukunftsstrategie anpassen können.

Richten Sie Ihr Zukunftsmanagement-System mit folgenden Elementen ein:

- **Zukunftsteam,** wie eingangs beschrieben,
- **Sensorensystem,** wie eingangs beschrieben,
- **Methodik,** wie in diesem Buch und im Buch „Die fünf ZukunftsBrillen" von Pero Mićić beschrieben,
- **Trends, Technologien und Themen** wie im Buch „Das ZukunftsRadar" von Pero Mićić beschrieben.
- **Zukunftsworkshops** zum regelmäßigen Austausch neuen Wissens über absehbare und mögliche Zukunftsentwicklungen und der sich daraus ergebenden Chancen und Konsequenzen für Ihre Zukunftsstrategie,
- **Informationsquellen**, wie Sie sie unter www.FutureManagementGroup.com finden,
- **Zukunftsdatenbank**, die Sie in Form eines einfachen Hängeregisters, eines Contentmanagement-Systems oder eines Wissensnetzes aufbauen können.

30

- *Bestimmen Sie zu Ihrer strategischen Vision die strategischen Leitlinien und die Mission als normative Elemente.*
- *Bestimmen Sie die Entwicklungschancen als strategische Forschungsprojekte.*
- *Brechen Sie die strategische Vision in Etappenziele herunter und definieren Sie für jedes Etappenziel mindestens ein Projekt mit Meilensteinen und Aufgaben.*
- *Kommunizieren Sie Ihre Zukunftsstrategie und leiten Sie einen Prozess des permanenten Lernens ein.*
- *Richten Sie ein Zukunftsmanagement-System mit einem permanent laufenden Zukunfts-Radar ein.*

Fast Reader

1. Zukunftsforschung und Zukunftsmanagement im Überblick

Die Zukunftsforschung blickt auf eine lange Entwicklung zurück und wird heute als eine Forschung nach einer möglichen, wahrscheinlichen und gewünschten Zukunft betrachtet. Zukunftsmanagement ist die Brücke zwischen der Zukunftsforschung einerseits und dem strategischen Management andererseits.

- *Die Zukunftsforschung sucht nach einer möglichen, wahrscheinlichen und gewünschten Zukunft, aus der Folgerungen für die Gegenwart gezogen werden.*
- *Zukunftsmanagement baut eine Brücke zwischen der oftmals abstrakten und theoretischen Zukunftsforschung und den konkreten*

und praktischen Anforderungen der Unternehmen. Es ermöglicht die systematische Erkennung von Zukunftsmärkten und erarbeitet aus diesen Erkenntnissen praktisch umsetzbare Strategien.

2. Das Eltviller Modell für Ihr Zukunftsmanagement

Durch die fünf Zukunftsbrillen des Zukunftsmanagements betrachten Sie die wahrscheinliche, mögliche, gewünschte, gefürchtete und die zu planende Zukunft. Voraussetzung ist, dass Sie sich im Vorfeld Ihre Wissensbasis schaffen und das erarbeitete Zukunftsmanagementsystem anschließend auch in Gang halten.

30

- *Mithilfe der fünf Zukunftsbrillen auf die Zukunft durch die blaue, rote, grüne, gelbe und violette Zukunftsbrille bestimmen Sie Ihre Zukunftsstrategie.*
- *Das Eltviller Modell rundet diese Sichtweisen durch das vorausgehende Zukunfts-Radar und die abschließende Institutionalisierung ab.*
- *Bevor Sie mit Ihrem Zukunftsprojekt beginnen, müssen Sie festlegen, welches Ziel Sie erreichen möchten, was Ihre Mission und wer Ihre*

Zielgruppe ist. Anschließend setzen Sie Ihr Zukunftsteam zusammen und planen den Ablauf des Projektes.

3. Zukunfts-Radar: Welche Trends, Technologien und Themen bestimmen Ihre Zukunft?

Um zukünftige Bedrohungen in einem frühen Stadium zu erkennen, wurden Frühaufklärungssysteme entwickelt, die anfangs aus Kennzahlensystemen bestanden, dann um zukunftsgerichtete Indikatoren erweitert wurden. In der dritten Phase wendete man sich der Identifikation von „schwachen Signalen" zu, die zukünftige Veränderungen ankündigen.

Strukturieren Sie Ihr Umfeld in Beobachtungsfelder und formulieren Sie Ihre fünf wesentlichen Fragen über die zukünftige Entwicklung Ihres Marktes. Jedes Mitglied Ihres Zukunftsteams fungiert als Sensor und konzentriert sich auf eine Zukunftsfrage.

- **Strukturieren Sie Ihr Unternehmensumfeld in Beobachtungsfelder und stellen Sie die existenziellen Zukunftsfragen.**

30

- *Jedes Mitglied des Zukunftsteams übernimmt die Funktion eines Sensors und wird beauftragt, Informationen zu möglichen Antworten auf eine Zukunftsfrage zu erfassen und zu strukturieren.*
- *Bestimmen Sie die für Ihre Zukunftsfragen relevanten Zukunftsfaktoren.*

4. Annahmen-Analyse: Wie wird sich Ihr Umfeld verändern?

Von den vielen Grundmodellen der Zukunftsprognose vermag natürlich keines die Zukunft zuverlässig vorherzusagen. Es sind Hilfsmittel für mehr oder weniger strukturierte Vermutungen über die wahrscheinliche Zukunft.
Zukunftsprojektionen sind mögliche Antworten auf Ihre Zukunftsfragen, die von den Mitgliedern Ihres Zukunftsteams bzw. von internen oder externen Experten gegeben werden.

30

- *Die Annahmen-Analyse des Eltviller Modells verfolgt einen an der unternehmerischen Zukunft orientierten Ansatz, der aus einer Kombination der Delphi-Methode mit weiteren Prognosemodellen entstanden ist.*

- *Die Zukunftsprojektionen sind mögliche Antworten auf Ihre Zukunftsfragen. Sie werden vom Zukunftsteam und eventuell externen Experten nach der subjektiven Erwartungswahrscheinlichkeit evaluiert und dabei in Erwartungen, Nicht-Erwartungen, Eventualitäten und Überraschungen differenziert.*
- *Das Ergebnis der Annahmen-Analyse ist das Zukunftspanorama, eine Übersicht der Zukunftsfragen, Zukunftsprojektionen und ihrer Wahrscheinlichkeiten.*

5. Überraschungs-Analyse: Auf welche Überraschungen müssen Sie sich vorbereiten?

Ereignishafte Überraschungen sind so genannte „wild cards" und treten plötzlich und unerwartet ein. Prozesshafte Überraschungen kündigen sich durch schwache Signale an und können mit der Szenario-Methode dargestellt werden.

- *Bei der Überraschungs-Analyse wird die unerwartete und überraschende Zukunft vorgedacht, untersucht und somit die strategische Vision gegenüber unvorhersehbaren Entwicklungen und Ereignissen gefestigt.*

30

- *Ergebnis sind Präventiv- und Eventualstrategien.*

6. Chancen-Entwicklung: Welche Zukunftschancen können Sie früh erkennen?

Konzentrieren Sie sich bei der Chancen-Entwicklung auf die wichtigsten fünf Strategiefragen.
Mithilfe einer Chancenmatrix können Sie die Chancen aus Ihren Zukunftsprojektionen erkennen.

30

- **Die Chancen-Entwicklung dient dazu, Ihren Horizont für die Möglichkeiten der Zukunft zu erweitern.**
- **Zukunftschancen sind das Material, aus dem die Zukunft und Ihre Zukunftsstrategie gemacht wird.**
- **Zukunftschancen beziehen sich auf neue Märkte, Produkte, Strategien, Strukturen und Systeme.**
- **Ergebnis der Chancen-Entwicklung ist ein Chancenpanorama, eine Übersicht der Zukunftschancen, die in der Visions- und Strategie-Entwicklung bewertet werden.**

7. Visions-Entwicklung: Welche Zukunft wollen Sie gestalten und genießen?

Beurteilen Sie jede Chance nach mehreren Kriterien. Nur die fünf bis zehn Prozent besten Chancen eignen sich für Ihre Zukunftsstrategie.

Einige Ihrer gut bewerteten Chancen werden zu Visionskandidaten. Diese bilden die Grundlage für eine am Markt einzigartige strategische Vision.

- *Bewerten Sie die Chancen aus dem Chancenpanorama anhand von Kriterien.*

30

- *Erarbeiten Sie fünf bis zehn schlüssige Visionskandidaten und bringen Sie sie in eine Reihenfolge.*
- *Formen Sie aus den besten Visionskandidaten Ihre strategische Vision.*
- *Beschreiben Sie ein schlüssiges, faszinierendes und realisierbares Bild Ihrer gewünschten Zukunft und visualisieren Sie Ihre strategische Vision durch Zeichnungen und Bilder.*

8. Strategie-Entwicklung: Was werden Sie praktisch tun?

30

- *Bestimmen Sie zu Ihrer strategischen Vision die strategischen Leitlinien und die Mission als normative Elemente.*
- *Bestimmen Sie die Entwicklungschancen als strategische Forschungsprojekte.*
- *Brechen Sie die strategische Vision in Etappenziele herunter und definieren Sie für jedes Etappenziel mindestens ein Projekt mit Meilensteinen und Aufgaben.*
- *Kommunizieren Sie Ihre Zukunftsstrategie und leiten Sie einen Prozess des permanenten Lernens ein.*
- *Richten Sie ein Zukunftsmanagement-System mit einem permanent laufenden Zukunfts-Radar ein.*

Weiterführende Literatur

- **Shaping Tomorrow**, das größte Portal zu Wissens- und Informationsquellen über Zukunftsmanagement, Zukunftsforschung und Innovation auf www. Shapingtomorrow.com
- **Wissensdatenbank zum Zukunftsmanagement** auf www.FutureManagementGroup.com
- **FutureManager update**; ein Beratungsbrief mit aktuellen Erfolgsstrategien für das Zukunftsmanagement aus Wissenschaft und Praxis. Kostenfreies Abonnement unter www.FutureManagementGroup.com
- **YouTube-Channel zum Zukunftsmanagement:** http://www.youtube.com/FMGChannel
- **Die fünf Zukunftsbrillen**; Marktchancen früher erkennen durch besseres Zukunftsmanagement, Pero Mićić, 2007, Gabal, 326 S.
- **Das ZukunftsRadar**; Die wichtigsten Trends, Technologien und Themen für Ihre Zukunft, Pero Mićić, 2. Auflage, 2007, Gabal, 355 S.
- **Der ZukunftsManager**; Wie Sie Marktchancen vor Ihren Mitbewerbern erkennen und nutzen, Pero Mićić, 3. Auflage 2003, Haufe, 376 S.
- **Der Zukunftsletter**, Verlag für die deutsche Wirtschaft, www.Zukunftsletter.de
- **Der Trendletter**, Verlag für die deutsche Wirtschaft, www.Trendletter.de

Register